广 州 市 科 学 技 术 协 会
广州市南山自然科学学术交流基金会　资助出版
广 州 市 合 力 科 普 基 金 会

热带雨林探秘

TROPICAL RAINFORESTS DISCOVERING

陈仁利　李善元　姜恩宇　唐志远　顾茂彬　主编

SPM 南方出版传媒
广东科技出版社｜全国优秀出版社
·广　州·

图书在版编目（CIP）数据

热带雨林探秘 / 陈仁利等主编．—广州：广东科技出版社，2018.8

ISBN 978-7-5359-7017-6

Ⅰ．①热…　Ⅱ．①陈…　Ⅲ．①热带雨林—生态环境—环境保护—普及读物　Ⅳ．① X321-49

中国版本图书馆 CIP 数据核字（2018）第 217269 号

热带雨林探秘　Tropical Rainforests Discovering

责任编辑：罗孝政　尉义明
装帧设计：柳国雄
责任校对：罗美玲
责任印制：彭海波
出版发行：广东科技出版社
（广州市环市东路水荫路 11 号　邮政编码：510075）
http：//www.gdstp.com.cn
E-mail：gdkjyxb@ gdstp.com.cn（营销）
E-mail：gdkjzbb@ gdstp.com.cn（编务室）
经　　销：广东新华发行集团股份有限公司
印　　刷：广州市岭美彩印有限公司
（广州市荔湾区花地大道南海南工商贸易区 A 幢　邮政编码：510385）
规　　格：787mm×1 092mm　1/16　印张 9.25　字数 185 千
版　　次：2018 年 8 月第 1 版
2018 年 8 月第 1 次印刷
定　　价：88.00 元

《热带雨林探秘》编委会

主　编：陈仁利　李善元　姜恩宇　唐志远　顾茂彬

副主编：吴　云　杜志鹊　钟育飞　陈　江　陆丽香
陈　攀　唐　诚　路　岩

顾　问：李意德

本书出版得到广州市科学技术协会、广州市南山自然科学技术交流基金会、广州市合力科普基金会资助，国家林业局“认知热带雨林科普活动”项目基金的资助（编号：2016-Kp12）

序

Preface

森林是人类起源的摇篮，人类文化始于森林。中华民族5 000多年的灿烂文化都伴随着森林文化。森林文化涉及人类文明的各个方面，森林成为文明社会不可缺失的组成部分。森林具有无可估量的经济价值、社会价值、生态价值和可能尚不为知的其他潜在价值。在全球众多的森林类型中，对人类起源发展、人类文明和全球生态环境有着重要地位的当属世界的热带雨林。

我国的热带雨林属于亚洲热带雨林区，主要分布在海南岛和云南的南部，属于亚洲热带北缘的雨林类型，其区位条件独特，生物多样性特别丰富，其中一些奇特神秘的动植物引发人们对热带雨林无限的憧憬与神往，进而激发起探索大自然的热情。对热带雨林的生态系统，全球有不少生态学家、生物学家等在研究与探索，进而制订保护热带雨林可持续性发展的措施，体现了热带雨林是当代生物多样性研究和关注的重点；大自然爱好者，特别是广大的青少年，可通过热带雨林非常奇特的自然景观，种类繁多又神奇的动植物，如珍奇的树木、植物绞杀现象、空中花园、大象与长臂猿、各种拟态昆虫等，激起他们对自然科学探索的兴趣、神往和对地球家园的热爱、对生态环境保护的重视。

《热带雨林探秘》图文并茂，生动又充满生机，诠释着关于热带雨林的奥秘、适者生存和生死并存的自然法则。我们大多数人未进入过热带雨林，对热带雨林认知不多。所以本科普作品的问世，可对广大青少年、大自然爱好者、环境保护者起到引领作用，并积极加入到生态文明建设的行列。海南岛尖峰岭的热带雨林是中国十大最美森林之一，我曾经与中国林业科学研究院热带林业研究所的同仁合作，在海南岛尖峰岭热带雨林中做过群落学及生态系统长期生态定位观测研究，对大自然充满了爱和敬畏，尤其对热带雨林有深深的眷恋。因此，我乐见我的老同仁与新同仁怀着同样对热带雨林的热情和亲身体验撰写的《热带雨林探秘》问世，我极其高兴地将此书推荐给广大读者以共飨之。

中国科学院院士
中国林业科学研究院研究员

前言

Foreword

我国的热带雨林主要分布在海南岛和云南西双版纳等地。热带雨林物种组成极为丰富，其结构与食物链极为复杂，是全球生物多样性研究的热点地区之一。优越的水热条件，使热带雨林中的树木特别挺拔高大；栖息在热带雨林中的昆虫不仅种类多，而且特别艳丽；昆虫拟态有的还像鲜花和枯叶一样，非常神奇，无论观察还是研究，热带雨林中的动植物都很特别。所以，对神奇热带雨林的学习和感悟可谓永不止步。

我们虽与热带雨林相伴多年，但对它还是知之甚少，感觉还是神秘。为了自身追求与兴趣，也为了吸引大自然爱好者去探索热带雨林的奥秘，并积极加入到生态文明建设的行列，在森林生态学家李意德研究员指导下共同编写了科普读本《热带雨林探秘》。在材料收集整理过程中，得到各地同仁的支持，中国农业大学彩万志教授、中国科学院动物研究所梁爱萍研究员、华南濒危动物研究所张强博士、天牛科分类专家刘彬先生为本书部分物种进行鉴定；在申请科普出版基金、整理和编写过程中，得到南岭北江源森林生态系统定位研究站研究团队、海南尖峰岭国家级自然保护区有关同仁的支持。对此，我们深表谢意！

由于编者水平有限，收集的材料有可能不能充分反映热带雨林的重要性与神秘性，错误与不妥之处也在所难免，敬请读者斧正。

陈仁利　顾茂彬

2018年6月

目　录

CONTENTS

第一编
带你走进神秘的热带雨林

第二编 热带雨林孕育丰富多彩的生物

第一编
带你走进神秘的热带雨林

森林与人类的关系源远流长，因为人类本身就是从森林中走出来的，森林生态系统所具有的多方面服务功能，促进了人类的进化与发展。所以，森林是人类文明的摇篮，人类文化始于森林。因此，中华民族 5 000 多年的灿烂文化是伴随 5 000 多年的森林文化而发展的，森林文化涉及人类文明的各个方面，森林也成为文明社会的百科全书。森林具有无可估量的经济价值、社会价值、生态价值和潜在价值。人类与森林的感情是天人合一，它产生的文学、艺术、音乐、技术等领域引导我们珍惜其稀世珍宝，创造性地发挥其某一方面的功能及文化内涵，使现代生活更加美好和绚丽多彩。热带雨林生物多样性指数非常高。因此，热带森林文化具有独特又丰富的文化内涵，它以不可思议的神奇、美丽和醉人心扉的气息愉悦着我们的心灵和感受。

一 认识热带雨林

（一）什么是热带雨林

热带雨林是地球上一种常见于赤道附近热带地区的森林生态系统，主要分布于东南亚、澳大利亚北部、南美洲亚马孙河流域、非洲刚果河流域、中美洲和众多太平洋岛屿，是指生长在赤道两侧南北回归线之间的森林，具有高温高湿的气候特点。德国科学家辛佰尔于19世纪末提出简明扼要的热带雨林定义：常绿喜湿，高逾30米的乔木，种类繁多，富有厚茎的藤本、木质及草本的附生植物。

（二）热带雨林的作用

热带雨林无疑是地球赐予人类最为宝贵的资源之一，生物多样性指数非常高，孕育了丰富的生物资源，其主要作用是调节气候，防止水土流失，净化空气，保证地球生物圈的物质循环有序进行。

现时有超过四分之一的现代药物是由热带雨林植物所提炼，所以热带雨林被称为“世界上最大的药房”。同时由于众多雨林植物的光合作用，净化地球空气的能力尤为强大，其中仅亚马孙热带雨林产生的氧气就占全球氧气总量的三分之一，故有“地球之肺”的美誉。

●热带雨林树冠

热带雨林中粗壮的藤本植物

（三）我国的热带雨林

地球上有三大热带雨林区域，分别是亚洲热带雨林区、非洲热带雨林区和美洲热带雨林区。我国的热带雨林属于亚洲热带雨林区，面积达 7 150 千米^2，是亚太地区生物资源最丰富的国家之一。

热带雨林和热带森林文化具有独特又丰富的内涵，它以不可思议的神奇、美丽和醉人心扉的气息愉悦我们的心灵和感受。海南岛有我国面积最大的热带雨林，其次是云南的西双版纳，是具有世界意义的生态单元，热带雨林诸多方面的典型特征也是全球研究的热点。

二 热带雨林的典型特征

（一）多物种共同生活

这通常说的就是生物多样性，热带雨林是生物多样性最为丰富的森林类型，超过全球 50% 以上的动植物分布在热带雨林中，而热带雨林的面积仅占全球面积的 7%。其中一些奇特神秘的动植物只分布在热带雨林中，尤其是一些色彩特别鲜艳的动植物，可引发人们对热带雨林的无限的憧憬与神往，进而激发起探索大自然的秘密的热情。在热带雨林的生态系统中，变幻莫测的小生境、生物之间形成食物链及其复杂的食物网络，十分有趣而精彩。

（二）板根现象

热带雨林里树木为争取足够的阳光资源会拼命地向上生长，有些乔木为了使自己在竞争中处于有利的地位，这些树的根部会形成了巨大的板根，板根的作用除了起支撑作用和缩短营养物质运输距离的作用外，为了更好地争夺更多的养分和水分，因为雨林里很多地方土壤层较薄，水分也缺乏，所以根系就会向土壤的外面发展，并向四周延伸，板根以大树负重的一侧较为发达；板根的形成是高大乔木一种特殊的适应，这些的板状根在大树根部的四周，高出地面有 2~3 米，大多有 5~8 条支持根，支撑非常高大的树干，极为壮观，这也是热带雨林的自然奇观之一。

板根的形成是高大乔木一种特殊的适应，是长期自然选择的结果，热带雨林中长板根的树种，采集其种子到亚热带或南亚热带地区引种，在肥沃的土壤中栽培依然会形成板根，说明形成板根遗传基因在起作用。一些壳斗科植物常形成大板根奇观，如盘壳栎、杏叶柯等；鸡毛松树也很高、很粗，但它没有板根，而有进入深层土壤发达根系的支撑，不同生物都有它生存的巧妙方式与合理法则，这正是生物界标新立异、各显神通的特色，显示了热带雨林适者生存的生物多样性。

（三）空中花园

热带雨林中的一些大型藤本，为了更好地享受阳光，攀爬到古树参天的林冠上层或附生在冠层树枝上。蕨类的孢子和兰花植物细小的种子通过气流或动物的传播，附落在大树的树干或树枝上，也由于热带雨林湿度大，孢子和种子萌发后营依附生长，形成了特有的依附植物群落结构，这些植物当鲜花盛开时可谓绚丽多彩，既蔚为壮观又神秘的“空中花园”也由此形成，此奇观只能在热带雨林里见到，成为热带雨林景观文化的重要组成部分。

（四）绞杀现象

1. 榕树的凶狠与多姿

物种越多，竞争压力就越大，为争夺阳光、水分、养分，植物之间也会产生残杀现象。热带雨林中桑科的20~30种榕树，常被称为霸王植物，如图中的这株高山榕，它是由一粒种子被鸟类或松鼠带到了一棵大树上，然后发芽生长，它们附生在大树上，阳光充足，因而它的气生根生长特别快，而且紧贴树干向地面生长，长年累月它破坏了大树的外部和内部的养分和水分供给，而且榕树的气生根越长越粗，越长越长，使其大树外部也受到压力，加上它的叶子遮挡和阻碍了大树正常的光合作用，最终引起大树的死亡与枯烂，而高山榕依然昂然屹立、生机勃勃，我们看到这棵榕树的气生根现在已经长得和一个大人的腰一般粗了，里面被箍死的树木早已腐烂，形成了一个巨大的空洞，人可以从空洞一直爬到树的顶端。这就是热带雨林的奇观之一——绞杀现象。它向我们诠释了关于热带雨林的竞争奥秘、生存智慧和生死并存的自然法则，我们见到的被绞杀的树为黄葛树，高约 40 米，胸径 2.1 米，树龄 200 多年。绞杀奇观也是热带雨林一道奇特的景观。

2. 独木成林

我们远远望过去，能看见那里有几十棵粗大的树，直径有水缸那么粗，而且形成了一小片树林，但是专家告诉我们那不是几十棵树，而是一棵榕树上的气生根长成的。这些榕树的气生根在进入林地后会越长越长，会越长越粗；在它们没有遇到绞杀的对象时，就会发育形成了另一种独特的自然景观——独木成林，云南的独木成林还成为供人欣赏的特殊旅游景点。

海南五指山国家级自然保护区中的独木成林景观

云南西双版纳国家级自然保护区中的独木成林景观

独木成林

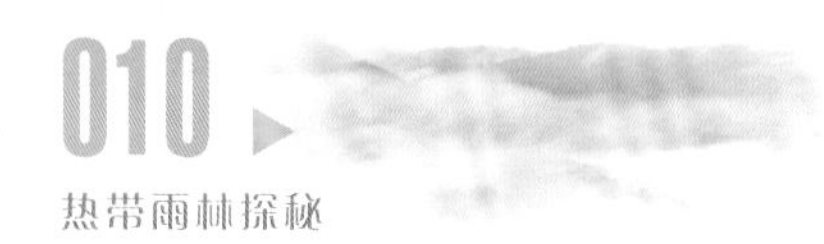

3. 鹿树飞奔林冠上

在海南尖峰岭热带雨林中有一株名为枕果榕（*Ficus altissima*）的参天大树，高40多米，主干胸径1米，3条支柱根的树干胸径40~60厘米，放眼望去，像是一头鹿跃跳于热带森林之上，鹿与大森林融为一体，堪称世界一绝的“鹿树”。远眺此树，树冠处两大枝丫构成了庞大的鹿角，枝丫的分叉处由于树干的横向生长，上下各有一突出部分形成了鹿的头、嘴和身躯，头部又有2个小的分枝，构成了鹿的2只耳朵，4根硕大的支柱根构成了鹿的4条长脚，其中一根较小的支柱根构成了鹿尾。这自上而下浑然一体生动形象，无不令人叫绝，惊叹大自然界的鬼斧神工。

（五）滴水叶尖

潮湿的热带雨林中凝结大量水分在叶面，水滴经过叶尖不断滴下，长期进化后叶尖变长而形成特殊结构。即使外面不下雨，而林内却有雨滴不断滴下，这也是“热带雨林”名称来由之一。

（六）老茎生花

老茎生花是指植物的花和花序直接生于乔木的树干上，果实也以花环状围绕乔木树干的现象，植物开花和结果都是在树干上完成，有此特征的林木有1 000种以上，如常见的榕树、波罗蜜等。

此茎花现象是热带雨林乔木群落典型的特征，也是热带雨林奇观。茎花现象的产生是与这类树木生长环境密切相关，它们属下层乔木，受上层大乔木的影响，得不到充足的阳光和空间，长期抗争的环境形成了茎上开花结果的习性，是长期自然选择的结果。由于花色鲜艳、气味清香吸引昆虫传粉。上面有高大的乔木，下面有灌木、草本、藤本等；在茎上生花，又利于昆虫发现而授粉；茎上生果，又利于山鼠、松鼠吃后帮助传播这些树的种子，同时也有利于这些动物躲避盘旋在高大乔木树冠上方鹰的捕食。这特点使它们在阴暗茂密的雨林中顽强地生存与繁衍后代，这真是自然界物竞天择、适者生存的自然法则。波罗蜜香甜可口，味道鲜美；波罗蜜树材质上乘，可制作质量极佳的家具。采集其种子在热带或南亚热带在肥沃的土壤中栽培，依然会形成茎花，目前远离热带雨林在开阔的平原地带或住宅周围大量种植波罗蜜，说明茎花遗传基因在起作用。

海南黎母山自然保护区中挂满了露珠的榕树果（*Ficus* sp.）

附生在树干上的长茎羊耳蒜

老茎生花

尖峰岭自然保护区边缘的波罗蜜（*Artocarpus heterophyllus*）

三 热带雨林的外貌、内部结构

（一）热带雨林的外貌

热带雨林晴天是森林的海洋，极目远望是这山比那山高，早晨红日从林海中喷薄而出；阴天或雨天云雾缭绕。

晴天尖峰岭热带雨林（1）

晴天尖峰岭热带雨林（2）

●霸王岭的热带雨林

五指山热带雨林（1）

●五指山热带雨林（2）

●海南岛中部山区云雾缭绕的山脉和热带雨林

（二）热带雨林的内部结构

美花兰

热带雨林内部是各种动植物的栖息地，是繁衍生息和竞争的场所，也是森林生态食物网络中最为复杂的境地，可以在此接触到许多神秘与奇特的动植物。

海南霸王岭保护区

西双版纳热带雨林

海南热带雨林中的铁芒萁（*Dicranopteris linearis*）

西双版纳热带雨林

美丽猕猴桃

●海南岛鹦哥岭热带沟谷雨林

尖峰岭沟谷中清澈的流水

热带雨林中的山顶苔藓矮林

霸王岭保护区内部结构

热带雨林中生长的冬叶（*Phrynium caoitatum*）、变色山槟榔（*Pinanga discolor*）与巢蕨（*Neottopteris nidus*）等植物

五指山保护区的林中小溪

奇幻的热带雨林内部

（三）森林植物、动物与微生物的协同进化

热带雨林中各种动物与植物之间或传粉昆虫与它们所传粉的植物之间，在进化时间上的相互作用称为协同演化或称协同进化，这种协同进化具有专一性和互惠性，不是互相排斥。所以一个特殊特征可能影响其他物种一个或一组特征。例如蜜蜂在鲜艳花朵上采集花蜜的同时为该植物完成了授粉；在很深的花筒底部有蜜腺，相应有咖啡透翅天蛾（*Cephonodes hylas*）前来吸食花蜜和传播花粉。又如曲纹紫灰蝶（*Chilades pandava*）幼虫取食铁树时能分泌蜜露，蚂蚁为了吸食蜜露，不仅不捕食曲纹紫灰蝶幼虫，而且还驱赶其他捕食者，这是动物之间的互惠。裳凤蝶（*Troides helena*）吸食马兜铃（*Aristochia* spp.）花中的花蜜并为其传播花粉，裳凤蝶幼虫能取食有毒的马兜铃叶片，使其体内藏毒，其成虫和幼虫鸟类不敢捕食它，而有的蜘蛛专门捕食裳凤蝶幼虫，形成复杂的互惠的食物网络。

森林植物及其枯落物成为微生物的栖息场所与营养来源，微生物将枯枝落叶分解为有机物质回归到土壤中，改善了土壤肥力与结构，促使森林植物的繁茂。而森林植物的繁茂还离不开传粉昆虫的辛勤劳动，这充分反映了热带雨林中各种生物的协同进化及其复杂而和谐的关系。

四　热带雨林生态系统的服务功能

（一）直接利用价值

1. 木材及其工艺品

（1）降香黄檀

降香黄檀（海南黄花梨，*Dalbergia hancei*）是蝶形花科的高大乔木，高10~20米，胸径达80厘米。海南霸王岭、尖峰岭当地特类珍贵树种，是我国名贵的特类商品用材，工艺利用价值极高，工艺品兼有美学和降血压的功能，其心材市场价每千克上万元，由于经济利益的驱使，中国林业科学研究院热带林业研究所尖峰试验站经营种植的二片原生种花梨林，全部被偷砍，虽然全力保护，但目前也仅残存一株。但试验站推广的花梨良种及其栽培种植技术，已经在海南、广东、广西、福建等地得到大面积的发展，仅尖峰岭一地，目前外销的花梨苗每年约5 000万株，年效益以千万元计，将来大树成材后的生态效益、社会效

海南黄花梨工艺品

益与经济效益目前还难以评估。

（2）檀香

檀香（*Santalum album*）属檀香科，在其心材与边材中提取精油，木具有色泽好、气味芳香的特色而受到人们的喜爱，广泛应用于化妆用品、医药用品等，是良好的退热剂、冷冻剂、催欲剂、收敛剂，用于治疗偏头痛、丹毒淋病等。檀香木工艺美术作品使现代生活更加丰富多彩，其工艺品与海南黄花梨工艺品同，尤为佛教不可缺的，如焚香、佛珠、佛像等。檀香因经济价值高的原因，尖峰岭试验站经营的一片檀香木林与热带树木园内的檀香，几乎全部被偷砍。

（3）坡垒

坡垒（*Hopea hainanensis*）为龙脑香科常绿大乔木，国级一级保护树种，为海南特有的热带雨林树种，也是海南五大特类珍贵树种之一，材质硬重坚韧、耐腐、均匀致密、纹理交错、干后不开裂变形、油润美观、极耐腐、抗虫蛀，可与世界名材坤甸媲美，适宜用作造船的龙骨等重型结构材，也可用作制高级家具、地板、房屋柱梁等，有很高的经济价值。

（4）野生荔枝

野生荔枝（*Litchi chinensis*），属无患子科，树高可达32米，胸径达2米，其果肉有甜有酸，甜者可与栽培荔枝媲美，酸者有开胃消食之功能，为热带雨林中最佳果品之一。荔枝材结构细密，坚硬红色、闪亮，是制作古董家具的上好木材，极耐腐，不虫蛀，做成的家具越磨越亮。野荔枝不仅是岭南佳果——荔枝的优良育种材料，也是制造优质家具、木渔船等的名贵材料。

（5）土沉香

土沉香（*Aquilaria sinensis*），又名白木香，瑞香科沉香属植物，是我国历史悠久名贵的中药材，是胃癌特效药和镇痛剂。我国以沉香为配方的中成药达160多种，如八味沉香片、沉香化气丸等。沉香可制成各种香品供焚烧产香，提取的挥发油用于香水业。沉香能制成牙膏、香皂、沉香茶等，还可作为屋内装饰品与加工成佛珠等各种工艺品。沉香树形优雅，枝叶繁茂，是优良的园林绿化树种。

（6）子京

子京（*Madhuca hainanensis*）属山榄科，为海南特有树种，乔木，高9~30米，胸径达80厘米。子京的木质红褐色，纹理直，结构密致，材质坚韧，甚重，干燥后不收缩，少开裂，耐腐能力强，为重要的商品材之一。子京百年不腐，坚硬如铁，入水不浮，压不变形，千年都能保持完好，素有绿色钢材之称。在海南，坡垒、子京、母生、花梨与野生荔枝被列为国家特一类的5种商品材，它们都具有材质坚韧、色泽鲜艳、经久不腐、永不变形的特点，均可与世界珍

材桃花心木、柚木、酸枝木等相媲美。子京具有活血通经、消肿解毒等功效，可用于风寒湿痹、妇女经闭、血气疼痛、喉痹、淋疾、痈肿、癣疥、跌打损伤、蛇虫咬伤等。

（7）琼粗榧

琼粗榧（*Cephalotaxus mannii*）为三尖杉科三尖杉属乔木，高达 30 米，胸径达 80 厘米，被列为国家一级保护植物，全株都可以提取到三尖杉碱，用于治疗急性粒细胞白血病、急性单核细胞白血病、红白血病等急性非淋巴性白血病及恶性淋巴瘤、绒癌及慢性粒细胞白血病等。

（8）铁刀木

铁刀木（*Cassia siamea*）属苏木科，心材坚实耐腐、耐湿、耐用，为建筑和制作工具和乐器等用。

（9）印度紫檀

印度紫檀（*Pterocarpus indicus*）属蝶形花科，有香气，适宜制作各种桌椅、床塌、乐器雕刻等，非常坚固耐用。

2．森林食品、药材与水果

（1）巴戟天

巴戟天（*Morinda officinalis*）主治肾虚阳痿、遗精早泄、子宫虚冷、腰膝酸软及寒湿痹痛等病症，具有促皮质激素样作用和抗应激反应的作用，能降压、抗癌，临床应用治疗药物性肾病综合征、更年期高血压及妇女雌激素功能减退症。

（2）灵芝

灵芝（*Ganderma lucidum*）药用价值：

①抗肿瘤作用。灵芝是最佳的免疫功能调节和激活剂，它可显著提高机体的免疫功能，增强患者自身的抗癌能力。灵芝可以通过促进白细胞介素 -2 的生成，通过促进单核巨噬细胞的吞噬功能、通

过提升人体的造血能力尤其是白细胞的指标水平，以及通过其中某些有效成分对癌细胞的抑制作用，成为抗肿瘤、防癌及癌症辅助治疗的优选药物。灵芝对人体几乎没有任何毒副作用。这种无毒性的免疫活化剂的优点，恰恰是许多肿瘤化疗药物和其他免疫促进剂都不具有的。

②保肝解毒作用。灵芝对多种理化及生物因素引起的肝损伤有保护作用。无论在肝脏损害发生前还是发生后，服用灵芝都可保护肝脏，减轻肝损伤。灵芝能促进肝脏对药物、毒物的代谢，对于中毒性肝炎有确切的疗效。尤其是慢性肝炎，灵芝可明显消除头晕、乏力、恶心、肝区不适等症状，并可有效地改善肝功能，使各项指标趋于正常。所以，灵芝可用于治疗慢性中毒、各类慢性肝炎、肝硬化、肝功能障碍。

③对心血管系统的作用。灵芝可有效地扩张冠状动脉，增加冠脉血流量，改善心肌微循环，增强心肌氧和能量的供给，因此，对心肌缺血具有保护作用，可广泛用于冠心病、心绞痛等的治疗和预防。对高血脂病患者，灵芝可明显降低血胆固醇、脂蛋白和甘油三酯，并能预防动脉粥样硬化斑块的形成。对于粥样硬化斑块已经形成者，则有降低动脉壁胆固醇含量、软化血管、防止进一步损伤的作用。并可改善局部微循环，阻止血小板聚集。这些功效对于多种类型的中风有良好的防治作用。

（3）石斛

石斛（*Dendrobium* spp.）是我国久享盛誉的珍稀名贵中药，其中的铁皮石斛更是历代皇室贵族的养生滋补珍品。因其生长环境特殊，产量非常稀少，被国家列为重点保护的濒危药用植物。唐代开元年间道家经典《道藏》：铁皮石斛、天山雪莲、三两人参、百二十年首乌、花甲之茯苓、深山灵芝、海底珍珠、冬虫夏草、苁蓉为“中华九大仙草”。其中，铁皮石斛位列首位。明代医学家李时珍《本草纲目》：石斛除痹下气，补五脏虚劳羸廋，强阴益精，久服，厚肠胃，平胃气，长肌肉，逐皮肤邪热痱气，脚膝疼冷痹弱，定志除惊，轻身延年，益气除热，治男子腰膝软弱，健阳，逐皮肤风痹，骨中久冷，补肾益力，壮筋骨，暖水脏，益智清气，治发热自汗等。秦汉时期第一部药学专著《神农本草经》：味甘，平，主伤中、除痹、下气，补五脏虚劳羸弱，强阴，久服厚肠胃。

3. 动物及其制品

热带雨林中动物资源十分丰富，可持续性开发利用也很多，例如野猪人工饲养后市场价格比家猪高，销路又广；又如人工饲养的蝴蝶可以卖到生态蝴蝶园中放飞或在喜庆的场所放飞，除增加喜庆氛围外，还可愉悦心情，使人感悟到人与自然的和谐。蝴蝶养殖的地方，野外到处都有蝴蝶互相追逐，形成鸟语花香蝴蝶纷飞的生动景象。

迁徙时聚集在一起的啬青斑蝶（*Tirumala septentrionis*）

（二）间接利用价值

热带雨林带给我们良好的生态服务产品，包括涵养水源、保持水土、净化环境、保育生物多样性、改善气候条件、提供良好的森林生态旅游环境等，属于间接利用价值范围。

1. 公益性的价值

（1）涵养水源

繁茂的热带雨林高度一般在 30 米以上，植被层、林地上的枯枝落叶层和具有庞大的树木根系的土壤层，能够储蓄大量的雨水，使我们免受洪水的危害；同时，储蓄的水分在干旱季节又能够源源不断地缓释到溪流中，为溪流下游地区提供优质的生产和生活用水，这就是热带雨林涵养水源的生态功能。

例如海南目前建设的约 90 万公顷生态公益林，每年所提供的涵养水源量高达 56.59 亿米^3，相当于每年新建 6 座库容为 9 亿 ~10 亿米^3 的大型水库，或者相当于海南全省多年平均耗水量的 2.54 倍。

（2）保育土壤

热带雨林生态系统能够有效地保护林地土壤不受冲蚀，使我们免受泥石流、滑坡等地质灾害的危害，这就是热带雨林的保育土壤生态功能。一是森林冠层的存在，减少了雨水的功能和势能，减缓了雨水对土壤表层的冲击和破坏；二是森林的枯枝落叶层增加了地表的粗糙度，减缓了地表径流给土壤带来的冲蚀力；三是枯枝落叶分解后形成的有机质和生长于土壤中的林木根系改变了土壤结构，增加了土壤孔隙度和水分的渗透性能，起到了固持土壤的作用，极大地减少了次生地质灾害的发生。

根据研究，海南热带雨林每年可减少土壤流失量超过 1 200 万吨，使土壤氮、磷、钾和有机质得到有效的保存，保存量相当于每年一座小型磷酸二铵厂、一座中型氯化钡肥料厂和一座中型有机肥料厂的产量。

（3）吸收固定大气二氧化碳

以大气二氧化碳为主的温湿气体浓度增加而引

起全球变暖已成为国际公认的事实。而热带雨林具有生长快、生物量大的特点，可通过光合作用来吸收大量的二氧化碳。依据中国林业科学研究院热带林业研究所尖峰岭国家级森林生态系统定位研究站30年的观测研究结果，平均每公顷热带雨林一年吸收固碳可达1.5

吨，碳汇能力居全球热带雨林的高水平。热带雨林还通过减少直射到林内的阳光，可降低森林内部的空气温度；同时由于雨量具有凝结水汽的功能，可提高林内空气相对湿度；雨林每天通过光合作用吸收大气中大量的二氧化碳，释放人类呼吸所必需的氧气。

海南 90 万公顷生态公益林，其碳库总量高达 6.6 亿吨二氧化碳；每年还可吸收和固定二氧化碳超过 1 270 万吨，相当于消化了 553 万吨排量 2.0 升的汽车在一年中各行驶 1 万千米所排放的二氧化碳量。

（4）提供洁净舒适的大气环境

大气中的氧分子受太阳紫外线、宇宙射线、雷电、风暴及空气和山地岩石中放射性元素物质等因素诱导而发生电离，生成负氧离子；水的喷筒电效应（也叫勒纳德效应），即森林中溪涧的跌失、瀑布的冲击等使水滴破碎，水分子破解失去电子而成为正离子，而周围空气中的氧分子捕获这些电子而成为负氧离子，流速越大，其喷筒电效应越强。

许多植物的茎、皮、叶等器官或组织分化成针状结构，这种曲率较小的针状结构，会发生“尖端放电”作用为诱导产生负氧离子；另外，一些树木和花草所分泌出的萜烯类和芳香类物质能促使空气电离产生丰富的负氧离子。雨林中树叶经风力等扰力作用，在高湿环境下极易产生空气负离子，特别是林中溪流和瀑布的环境，空气负离子浓度极高。可见，热带雨林中树叶经风力等扰力作用，在高湿环境下极易产生空气负离子，特别是林中溪流和瀑布的环境，空气负离子

浓度极高。研究表明：热带雨林内比林外空旷地平均温度低2~5 ℃，空气湿度增加3%~5%；雨林内平均空气负离子可达每立方厘米5 000个以上，溪流边可达1万个以上，瀑布处可达3万个以上；海南90万公顷生态公益林每年释放的氧气达683万吨；可提供空气负离子215兆亿个，相当于7 500台负离子发生器生产负离子总数。负离子还是空气洁净程度的重要指标，对人类健康十分重要，一般空气负离子含量达到每立方厘米700个以上时具有保健功效；1 000个以上有保健和辅助治疗作用。这里的空气真是太新鲜了，置身于此你可以感到心醉和愉悦，到了这里你可以忘记一切烦恼；值得一提的是，这里的空气负氧离子含量非常高，在尖峰岭平均空气负氧离子含量每立方厘米是5 000个，这是什么概念呢？如果空气负氧离子含量每立方厘米达到800个，对人体有益处；超过1 000个，对哮喘和呼吸等一些疾病有辅助疗效；如果靠近溪水、瀑布和树木密布的地方，有微风，峰值每立方厘米可达5万个，在雨林里夜间睡眠只需3~4小时就够了。

因此，热带雨林是海南国际旅游岛建设“一蓝一绿”的极为重要的自然资源，蓝色为大海，绿色为热带雨林。

（5）净化污染环境

随着经济社会的高速发展，工业化、城镇化进程的加快，我们赖以生存的空气、水体、土壤受到各种污染的程度愈来愈重。热带雨林生态系统具有良好的自我净化能力，可滞留和吸附各种污染物。

2. 文化性的价值

（1）森林文化

森林文化是指人对森林的敬畏、崇拜与认识，是建立在对森林认识及其各种恩惠表示感谢的朴素感情基础上，反映人与森林关系的文化现象。要合理利用森林而形成的文化现象。如造林技术、培育技术、采伐技术、相关法律法规、森林计划制度、森林利用习惯

等。还包括各地在传统风土习俗中形成的森林观和回归自然等适应自然思想。在艺术领域反映人对森林的情感、感性的具体作品，如诗歌、绘画、雕刻、建筑、音乐、文学、美学等。

（2）森林景观

森林景观主要有森林植被景观和森林生态景观。包括珍稀植物、古树名木、奇花异草、植物群落、林相季相等。森林生态景观的开发应选择生态环境良好、群落稳定、植物品种丰富、层次结构复杂、垂直景观错落有致、树龄大、浓荫覆盖、色彩绚丽的森林景观供人游赏。森林景观也常以风景林、古树名木及专类园等形式进行开发。森林景观的开发还常常以珍稀植物园、树木园、药用植物园或竹种园、杜鹃园、红叶植物园、野果植物园等形式集中开发专类植物景观，并挂牌说明，建成科研科普基地，寓教于游赏之中。如宜昌大老岭设计的珍稀植物园。

（3）科学研究

热带雨林不仅生物多样性指数非常高，而且对调节气候，防止水土流失，净化空气，保证地球生物圈的物质循环有序进行起着十分重要的作用，在全球气候变暖和生物物种大量消失的背景下，为了找到对策使热带雨林已成为当前科学研究的热点地区。

（4）森林生态旅游

热带雨林全年郁郁葱葱、青翠嫩绿，看不尽的奇花异草与特殊的景观，让人进入一个不一样的生物世界。在这天人合一、空气特别清新的地方，是进行森林浴的最佳场所。海南、云南的生态旅游已初具规模，进一步发展的空间很大，通过森林生态旅游的解说使游客得到良好之游憩体验，环境教育、保育教育，有助于推进我国的生态文明的建设。

（三）潜在使用价值

热带雨林中生物物种繁多，它的生物多样性和遗传多样性都非常丰富，属地球上最丰富的基因库，其中某物种的基因资源，经后人研究可能是未来人类社会发展的极为重要的资源。发展中国家约80% 依靠植物或少量动物提供传统药物，以保证基本健康，西方医药中使用的药物，40% 最初也是从植物中发现。热带雨林中粗榧以及昆虫中的眼斑芫菁（*Mylabris cichorii*）等，均有抗癌作用，许许多多的植物我们还未研究，对它们不了解，肯定有潜在巨大的使用价值，又如见血封喉（*Antiaris toxicaria*），又名箭毒木，桑科，见血封喉属，为红皮书中的三级珍稀濒危植物，海南、云南、广西、广东有零星分布。见血封喉树液剧毒，若误入眼中，会引起双目失明；由伤口进入人体内会引起中毒，在 20~30 分钟内死亡，因此得名；过去，见血封喉的汁液常常被用于战争或狩猎。它的毒性非常高，对其应用研究还不够，潜在的价值还不好说，但随着社会发展和科技进步，热带雨林中丰富的动植物资源，必将对人类做出无可估量的贡献。

见血封喉

（四）热带雨林服务功能的价值

热带雨林能够给我们的生存环境提供良好的生态服务。称之为“生态产品”，其价值是隐性的，虽然看不见，摸不着，但我们实实在在地享受了热带雨林的生态服务功能的价值。海南 90 万公顷生态公益林生态产品服务价值如下表。

表 1　海南 90 万公顷生态公益林生态产品服务价值

价 值 类 别	年提供服务价值量 / 亿元
涵养水源和净化水质	610.03
保育土壤	13.07
固碳释氧	101.10
营养物质积累	6.41
净化环境	140.37
森林防护	97.24
保育生物多样性	207.55
森林生态旅游服务	86.65
合　　计	1 262.41

第二编 热带雨林孕育丰富多彩的生物

热带雨林资源丰富，雨林中的次冠层植物由小乔木、藤本植物和附生植物如兰科、凤梨科及蕨类植物组成，部分植物为附生，缠绕在寄生的树干上，其他植物仅以树木作为支撑物。附生植物如藻类、苔藓、地衣、蕨类及兰科植物，附着在乔木、灌木或藤本植物的树干和枝丫上，就像披上一件厚厚的绿衣，有的还开着各种艳丽的花朵，有的甚至附生在叶片上，形成“树上生树”“叶上长草”的奇妙景色。

雨林中的动物极为繁多，但以小型、树栖动物为主，种类多而单种个体较少。尤其是雨林中的昆虫，找到一百种昆虫比找到同种昆虫一百只容易得多。科学家们相信，至今有很多雨林昆虫未被人们认知。

正在捕食的中华弧纹螳（*Thecopropus sinecus*）

掌舟蛾的神奇伪装，左侧是头部右侧是尾部

一　珍稀奇特的植物

1. 桫椤

桫椤（*Alsophila spinulosa*）属蕨类植物门桫椤科，是世界上最古老的活化石，该科植物被列为国家一级保护植物，是唯一在我国幸存下来的木本植物之一。当我们看到桫椤蕨巨大裂叶随风摇曳生姿，记忆仿佛穿越历史时空的隧道，多少万年前俨然不可一世的恐龙在地球上消失了，而与之同时代的桫椤依然幸存在热带雨林中。真是物竞天择，适者生存，热带雨林不愧为物种最丰富的基因库。

2. 锦地罗

锦地罗（*Drosera hurmannii*）属于热带雨林中的食虫植物，宽匙状的叶，边缘长满腺毛，待昆虫落入，腺毛将虫体围困 ，带黏性的腺体将昆虫黏住，分泌的液体可分解虫体蛋白质等营养物质，然后由叶面吸收。

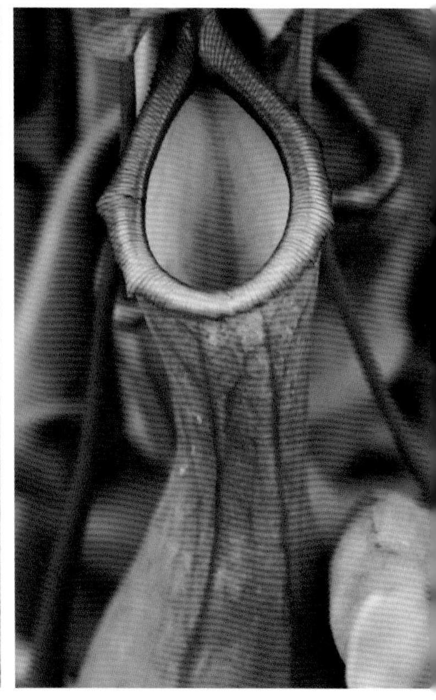

3．高山蒲葵

高山蒲葵（*livistona altissima*）叶大如伞，它生长在热带雨林中，历史上黎族与苗族等少数民族用作盖房挡雨，今天民族兄弟都住上了瓦房或楼房，不再去砍高山蒲葵了。但如此大的蒲葵确实令人惊叹！

4．卷萼兜兰

卷萼兜兰（*Paphiopdiumm appletonianumm*）分布于海南、广西，越南、老挝、柬埔寨、泰国等国也有。此兰花生长于海拔 1 100 米左右沟谷两侧，要求土壤肥沃。它形态美丽，为热带雨林中珍稀保护物种。

5. 海南木莲

海南木莲（*Magnolia hainanensis*）又名绿楠，海南特产，主要产于海南中部以南的山区，天然分布于海拔300~1 100米的山坡的中下部，沟谷地和溪流两旁。

海南木莲木材纹理通直，结构细致均匀，美丽雅致，木质轻软而强度大，耐腐不虫蛀，可用作高级家具等，为海南的珍贵用材树种。树姿雄伟，四季常青，花朵美丽，是园林绿化的优良树种。

6. 火焰兰

火焰兰（*Renanthera coccinea*）分布于海南、广西，缅甸、泰国、老挝、越南等国也有，是兰科植物中观赏价值极高的热带珍稀濒危兰花种类，称之为植物中的“大熊猫”。火焰兰开花时像一团绚丽的火焰在苍翠欲滴的植株上方燃烧着，却没有袅袅轻烟。令人惊奇的是，每朵花仿佛是天然书法家正用自己优美的身姿描绘出美女簪花的汉字“火”，于是，植物学家给它一个形象的名字——火焰兰。

7. 球兰

球兰（*Hoya* sp.）分布于云南、广西、广东、台湾。全株药用，治肺炎等。球兰生长在海南的热带雨林中，十分稀少。

8. 三开瓢

三开瓢（*Adenia cardiophylla*）分布于云南、广西。药用能清热解毒 、活血散瘀，用于乳痈初起、胸内热痰。属珍稀植物，是红锯蛱蝶与白带锯蛱蝶的优良寄主植物。

白带锯蛱蝶（*Cethosia cyane*）

红锯蛱蝶（*Cethosia biblis*）

9．象牙白

象牙白（*Cymbidium maguanense*）分布于海南、云南、贵州。属名贵兰花品种，十分素雅与幽香。

10．特殊的雨林景观

（1）顽强的生命

在仅存的树皮上生长枝叶，体现生命力的顽强。

（2）空心巨树通云天

通天树为托盘青冈（*Cyclobalanopsis patelliformis*）为壳斗科长绿大乔木，树高 35 米，胸径 2 米，树龄约 1 000 年。外观该树枝叶繁茂，树干通直，树与天竞长，树与云相逢环绕。其实树干已全部空心，直透树梢并在树头袒露一个大树洞，故名“通天树”。

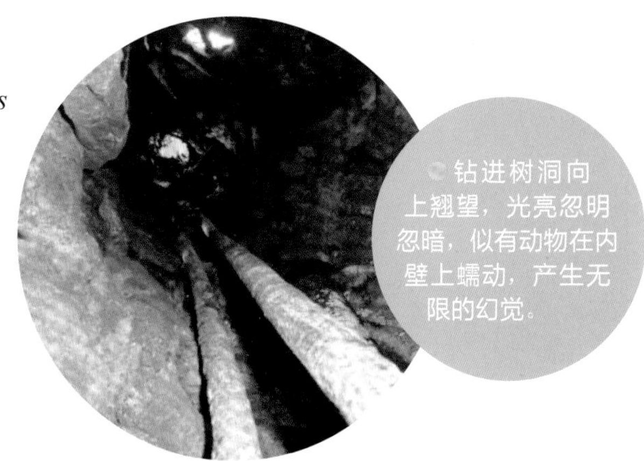

钻进树洞向上翘望，光亮忽明忽暗，似有动物在内壁上蠕动，产生无限的幻觉。

二 色彩斑斓的真菌

热带雨林中湿度高，适宜包括灵芝在内的各种真菌生长，使朽木或地面上色彩斑斓。

尖峰岭保护区树上、地面上的菌类

三 雨林王者——哺乳类动物

1. 亚洲象

亚洲象（*Elephas maximus*），别名印度象、大象、亚洲大象，属于长鼻目象科，属国家一级保护动物。

亚洲象是亚洲现存的最大陆生动物，长达 1 米多的象牙，是雄象上颌突出口外的门齿，也是强有力的防卫武器。象的眼小耳大，耳朵向后可遮盖颈部两侧。四肢粗大强壮，前肢 5 趾，后肢 4 趾。尾短而细，皮厚多褶皱，全身被稀疏短毛。头顶为最高点，体长 5~6 米，身高 2.1~3.6 米，体重 3~5 吨。

驯养后的大象与人类成为亲朋好友，供人骑行，象鼻子还给人按摩等

野象群在林中觅食

2. 海南长臂猿

海南长臂猿（*Hylobates hainanus*）被称热带雨林中的仙子，是世界四大类人猿之一，是我国数种长臂猿中最稀少、最独特和珍贵的一种。20 世纪 60 年代全岛各大林区海南长臂猿有 2 000 多只，目前仅生存于霸王岭保护区的热带雨林中有 20 多只。海南长臂猿属树栖性动物，在树上的活动极其快速与敏捷，双臂展开长于身高，成年

身高约 110 厘米，体重 7~8 千克。成年雌猴毛金黄色，成年雄猴毛黑色。取食野果或嫩树叶，用前臂在树洞中取水喝。休息时互相梳理毛发，或追逐嬉闹。

在林中凌空腾越的海南长臂猿

3. 白颊长臂猿

白颊长臂猿（*Nomascus leucogenys*）为越南、老挝、泰国三国交界地区的特有种，分布区域非常狭窄，种的分布总面积可能不及800千米^2。在中国云南仅见于西双版纳的江城、建水、勐腊和绿春黄连山。以多种热带型野果（浆果、核果、坚果，特别喜食榕树果）、嫩树叶、花苞、树芽等为主要食物，也食昆虫、小鸟和鸟蛋。食物种类约85种，其中，植物性食物占食物总数的90.6%。营小群体生活，一般每群3~5只，少数7~8只。

白颊长臂猿（♂）

白颊长臂猿（♀）

四 两栖类动物

1. 圆鼻巨蜥

圆鼻巨蜥（*Varanus salvator*）俗名五爪金龙或食动物巨无霸，是中国最大型的蜥蜴，成年体长 2~2.5 米，是国家一级保护动物。分布于我国南方；东南亚及澳大利亚亦有分布，栖息山区溪流附近。食性复杂，有昆虫、甲壳类、软体动物、鱼、蛇等。

2. 红蹼树蛙

红蹼树蛙（*Rhacophorus rhodopus*）为两栖动物，是中国的特有物种。分布于西藏、广西、海南、云南等地，多生活于热带地区茶树草地灌丛小乔木上。其生存的海拔 80~2 100 米。

3. 鹦哥岭树蛙

鹦哥岭树蛙（*Rhacophorus yinggelingensis*）分布范围非常窄，栖息于海南鹦哥岭热带雨林中，是新发现的种。

4. 变色树蜥

变色树蜥（*Calotes versicolor*）为鬣蜥科树蜥属的爬行动物，俗名马鬃蛇、猫公蛇、鸡冠蛇，全长40厘米左右。分布于云南、广东、海南、广西等地；印度、安达曼群岛、中南半岛、阿富汗、斯里兰卡也有分布。主要以昆虫、蜘蛛和小型脊椎动物，包括啮齿动物和其他蜥蜴。变色树蜥生殖季节雄性头部甚至背面为红色。体色可随环境而变。生活在海拔较低的地区，活动于山地、平原和丘陵一带在灌木丛或稀疏树林下较多。

5. 蜡皮蜥

蜡皮蜥（*Leiolepis reevesii*）分布于广东、澳门、海南、广西，越南等国也有分布。栖息环境主要为略有坡度的地方，掘穴而居，洞穴深达1米左右，洞口扁圆或椭圆。白天温度适宜时，出洞活动，觅食。遇到干扰立即窜入洞中，以昆虫为食物，产纤维膜卵。

6. 锯缘闭壳龟

锯缘闭壳龟（*Pyxidea mouhotii*）俗名高背八角龟。分布于广东、广西、海南、湖南和云南，越南、老挝、印度、泰国和缅甸亦有分布。

7. 黄额闭壳龟

黄额闭壳龟（*Cuora galbinifrons*）分布于广东、广西及海南陵水县、乐东县，国外见于越南。栖息在山区溪流。仅分布于热带地区，生活于丘陵山区及浅水区域，以肉食性饵料为主。对环境温度要求较高，适应能力差，环境改变，一般不进食。属珍稀濒危物种。

五 特种部队——蛇类

1．蟒蛇

蟒蛇（*Python mohurus*）分布在广东、海南、广西、云南、福建等，缅甸、老挝、越南、柬埔寨、马来西亚、印度尼西亚等国也有分布。是当今世界上较原始的蛇种之一，在其肛门两侧各有一小型爪状痕迹，为退化后肢的残余。这种蛇后肢虽然已经不能行走，但都还能自由活动。体色黑，有云状斑纹，背面有一条黄褐斑，两侧各有一条黄色条状纹。现为国家一级保护动物。以多种动物为食。

2. 竹叶青

竹叶青（*Trimeresurus stejnegeri*）主要分布于中国长江以南各省区。头较大，呈三角形，眼与鼻孔之间有颊窝（热测位器），尾较短，具缠绕性，头背都是小鳞片。发现于海拔 150~2 000 米的山区溪边草丛中、灌木上、岩壁或石上、竹林中，路边枯枝上或田埂草丛中。多于阴雨天活动，在傍晚和夜间最为活跃。以蛙、蝌蚪、蜥蜴、鸟和小型哺乳动物为食。是当今世界上较为美丽的蛇种之一。

3. 白唇竹叶青

白唇竹叶青（*Tryptelytrops albolabris*）分布于海南、广东、广西、江西、湖南、福建等；南亚、中南半岛、东南亚也有分布。白唇竹叶青捕食鼠类蜥蜴、蛙、蝌蚪类。日夜都活动，夜间活跃。有攻击习性，受惊时体前部抬起，颈扩展，发“呼呼”声。

4. 舟山眼镜蛇

舟山眼镜蛇（*Chinese cobra*）又名中华眼镜蛇，分布于中国大陆南部，台湾岛及越南北部。食性广泛，蛙、蛇为主，鸟、鼠次之，也吃蜥蜴、泥鳅、鳝鱼及其他小鱼等。剧毒蛇。

5. 粉链蛇

粉链蛇（*Dinodon rosozonatum*）分布于海南热带雨林中，为中国特有种，常栖息于山麓平原、河流溪边或稻田附近，其生存的海拔80~580米。有发现其白天匿居树洞中，傍晚外出活动。喜冷怕热，气温过热会躲藏水中降温，15℃正常捕食，性情凶猛，以蛙为食物（主食树蛙、沼蛙、青蛙、泽蛙，而不吃虎纹蛙）。

粉链蛇为海南岛特有种，以肉类动物为食，见到捕食其他蛇类。

六 雨林精灵——鸟类

1. 印支绿鹊

印支绿鹊（*Cissa hypolevca*）分布于五指山、吊罗山、尖峰岭等原始林或次生林中，常单独在溪边或灌丛小枝上跳跃或觅食。在海南岛鸟类中羽色属最鲜丽的一种。

2. 叉尾太阳鸟

叉尾太阳鸟（*Aethopyga christinae*）分布于海南岛的南半部的霸王岭、尖峰岭、吊罗山、五指山等地，常见于原始林和灌丛中。鸣声细而尖，不成群，单独或成对活动，爱吃小虫和花蜜，传播花粉。

3. 赤红山椒鸟

赤红山椒鸟（*Pericrocotus flammeus*）遍布海南岛各地的丘陵、森林的密林中，取食昆虫为主，对农业、林业有利；雌红雄黄，色协调、互相辉映，显得艳丽夺目，令人喜爱。

4. 灰喉山椒鸟

灰喉山椒鸟（*Pericrocotus solaris*）国内分布于云南、贵州、湖南、江西、广西、广东、福建，南亚、中南半岛、东南亚亦有分布。

以昆虫为食，仅偶尔吃少量植物果实与种子。所吃昆虫主要为鳞翅目、鞘翅目、双翅目、膜翅目、半翅目等成虫和幼虫。

5. 黄腹花蜜鸟

黄腹花蜜鸟（*Nectarinia jugularis*）又叫橄榄背太阳鸟、黑喉太阳鸟、黑胸太阳鸟。分布于我国云南、广西、广东、海南各地，越南，常见林区枝叶茂盛、四季花香的环境中，嗜食花蜜，传播花粉。在树梢发出清脆的叫声，体态优美，令人喜爱。性吵闹，结小群在花期的树丛间跳来跳去，在树梢发出清脆的叫声。

6. 白胸翡翠

白胸翡翠（*Halcyon smyrnensis*）分布于欧亚大陆及非洲北部，太平洋诸岛屿。白胸翡翠遍布海南各地的稀疏丛林、溪流、湖泊、沼泽地等，主要以鱼、蟹、软体动物和水生昆虫为食，也吃蚱蜢、蝗虫、甲虫等陆栖昆虫，以及蛙、蛇、鼠类等小型陆栖脊椎动物。羽色艳丽，鸣声洪亮，为人们所喜爱。白胸翡翠常单独活动，多站在水边树木枯枝上或石头上，有时亦站在电线上，常长时间地望着水面，以待猎食。飞行时成直线，速度较快，常边飞边叫，叫声尖锐而响亮。

7. 白鹇

白鹇（*Lophura nycthemera*）分布于海南、广东、广西、湖北、浙江、江西、安徽，缅甸、泰国和中南半岛亦有分布。栖息于森林茂密，林下植物稀疏的常绿阔叶林和沟谷雨林。食昆虫、植物茎叶、果实和种子等。通常成对或3~6只的小群活动，性机警，很少起飞，紧急时亦急飞上树。个体较大，优雅而色泽美丽，野外种群密度低，是国家二级保护动物。

8. 海南孔雀雉

海南孔雀雉（*Polyplectron katsumatae*）是珍稀濒危雉类之一，是海南特有种，国家一级保护动物。主要分布在海南的热带山地雨林、沟谷雨林中，个体较大，优雅，黑褐色，野外种群密度低，喜食昆虫、嫩叶与植物种子等。

海南孔雀雉与白鹇在林中觅食

9. 领角鸮

领角鸮（*Otus bakkamoena*）广布于我国各地，南亚、东南亚亦有分布。海南、云南主要栖息于山地阔叶林和混交林中，也出现于山麓林缘和村寨附近树林内。除繁殖期成对活动外，通常单独活动。夜行性，白天多躲藏在树上浓密的枝叶丛间，晚上才开始活动和鸣叫。主要以鼠类、甲虫、蝗虫、鞘翅目昆虫为食。为国家二级保护动物。

10. 戴胜

戴胜（*Upupa epops*）是珍稀濒危雉类之一，是海南特有种，国家一级保护动物。主要分布在海南的热带山地雨林、沟谷雨林中，个体较大，优雅，黑褐色，野外种群密度低，喜食昆虫、嫩叶与植物种子等。

七 庞大家族——昆虫

（一）昆虫的繁殖

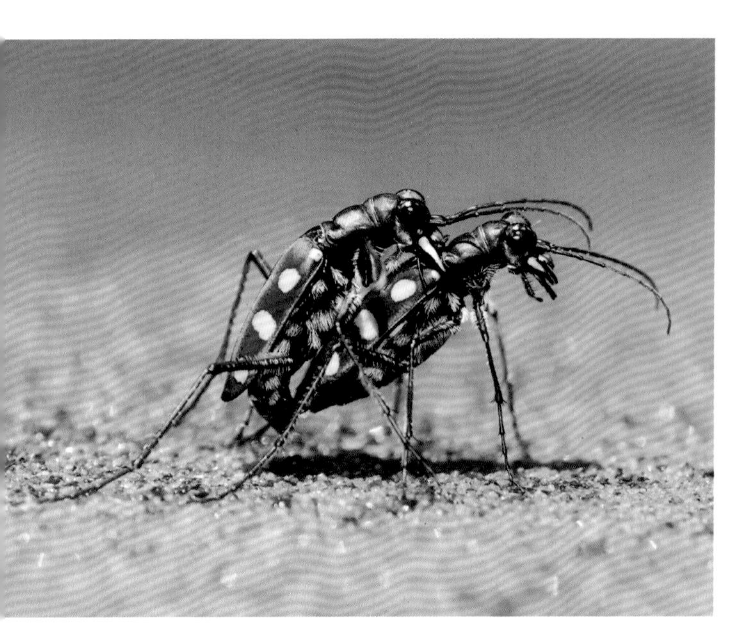

1. 金斑虎甲

金斑虎甲（*Cosmodela aurulenta*）分布于江苏、浙江等我国南方地区，国外分布于印度、缅甸、尼泊尔、锡金等地，我国北方部分地区也有分布。身体常具金属光泽；头大，复眼突出，行走飞快，捕食各类昆虫。

2. 离斑棉红蝽

离斑棉红蝽（*Dysdercus cingulatus*）分布于广东、广西、海南、云南、福建、台湾、湖北，南亚、东南亚亦有分布。常刺吸棉花、木棉等，故称棉红蝽。常在植物顶部交配显亲热，成虫爬行迅速，不善飞翔。成虫羽化后的10天雌虫开始交配，有趣的是交配时还不停止活动和取食。

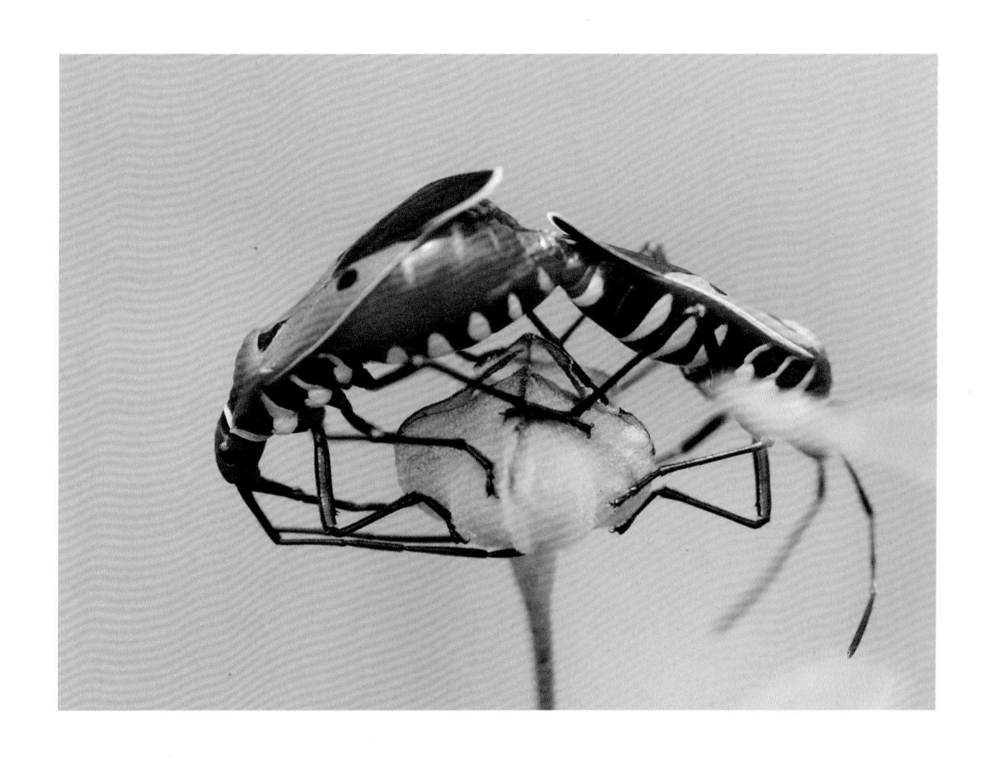

3. 霜斑素猎蝽

霜斑素猎蝽（*Epidaus tumulus*）分布于广东、广西、海南、福建、云南、四川、贵州。

在植物丛的中上层捕食各种昆虫和节肢动物。雌雄虫交配时，遇惊时雌虫会背着雄虫走，似欢快地游戏。

4. 金裳凤蝶

金裳凤蝶（*Troides aeacus*）分布于海南、广东、云南等地；南亚，东南亚。食性包括花粉、花蜜、植物汁液。幼虫的寄主为马兜铃科植物。成虫整年可见，但主要发生期在3—4月、9—10月；飞行颇慢，喜欢滑翔飞行，较缓慢，是我国体型最大的蝴蝶，雌蝶翅展120~150毫米，雄蝶翅展100~130毫米。雄蝶后翅金黄色，在逆光下看，会呈现出类似珍珠在光照下反射出变幻光彩。随着光线角度的变化，有青色、绿色、紫色在变幻。该蝶属于国家二级保护动物，目前已被列入世界濒危物种。

5. 裳凤蝶

裳凤蝶（*Troides helena*）分布范围、蜜源植物、成虫的飞行姿态、幼虫的寄主植物均与金裳凤蝶相同，也是我国体型最大的蝴蝶，雄蝶后翅金黄色并有黑斑，雌蝶后翅黄黑斑界线清晰，雌雄蝶均光彩夺目。该蝶属于国家二级保护动物，目前已被列入世界濒危物种。

6. 青斑蝶

青斑蝶（*Tirumala limniace*）分布于海南、广东、云南等地。成虫除了冬季外，生活在低至中海拔山区，5—6 月北部山区有极大的族群量。喜访花。每年的春季，青斑蝶会向东北方向飞行，而秋季则往西南方向移动。

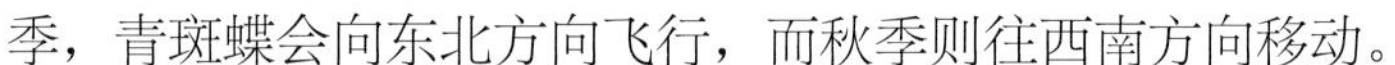

7. 虎斑蝶

虎斑蝶（*Danaus chrysippus*）分布于海南、广东、云南等地。因为有毒，所以不但不需要躲藏或是伪装，飞行可以较缓慢，是其他无毒蝴蝶的模仿对象。

8. 穆蛱蝶

穆蛱蝶（*Moduza procris*）分布于海南、广东、云南等地。此蝶色彩鲜艳，喜在低海拔林地访花活动。

9．斑珍蝶

斑珍蝶（*Acraea violae*）分布于海南、云南，越南、印度也有分布。它取食有毒的龙珠果（*Passiflora feotida* ），体内带毒，鸟类不敢捕食，喜在低海拔较干旱地带访花。

10．串珠环蝶

串珠环蝶（*Faunis eumeus*）分布于海南、广东、四川、贵州、云南等地；相对喜欢略开阔的林地；显著特点是腹面的深褐色及翅上的白色串珠。

11. 长瓣树蟋

长瓣树蟋（*Ocecanthus longicauda*）分布于华北与南方各地，栖于丘陵或低山地带。雄性树蟋首先震动翅膀，用悦耳的声音吸引雌虫，当雌虫随声音靠近后，雄性树蟋会突然翘起翅膀，露出背部的腺体。腺体能够分泌出一种可供雌虫舐食的物质，通常雌虫都会毫不犹豫地扑上去，而在雌虫舐食的时候，雄虫正好可以顺势交配。交配后雄虫给雌虫留下一个充满的精包，这是一份厚礼。

12. 橡胶木犀甲

橡胶木犀甲（*Xylotrupes gideon*）分布于广东、广西、云南等地。雄虫有独角用于争斗。

（二）昆虫的拟态与伪装

1. 同叶䗛

同叶䗛（*Phyllium parum*）产于海南，它停息在绿叶上时，绿色腹背与足上的脉纹清晰可见，雄性触角特长，微风吹拂时酷似晃动的树叶，起到迷惑天敌和保护自己的目的，有趋光习性，飞翔力较差，在飞翔时会落地，起到迷惑天敌和保护自己的目的。雌性短触角，身草绿色。

2. 翔叶䗛

翔叶䗛（*Phyllium westwwdi*）分布于海南、云南、贵州、广西。身体如同一片绿叶用于迷惑天敌，是著名的拟态昆虫之一。

3．中华丽叶䗛

中华丽叶䗛（*Phyllium sinense*）分布于海南、云南。雌虫停息在淡黄色叶上为黄色，停息在绿叶上为绿色，是著名的拟态昆虫。

在海南黄绿叶上拍摄到的生态图片

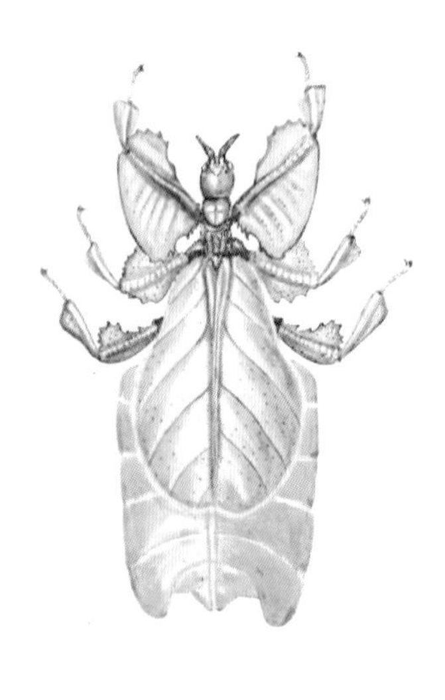

在海南绿叶上采到的标本

4．滇叶䗛

滇叶䗛（*Phyllium unnanense*）分布于云南，体扁平呈叶片状，也是著名的拟态昆虫。

5. 大佛竹节虫

大佛竹节虫（*Phrygastria grandis*）分布于海南、广西，越南、老挝、缅甸亦有分布。惟妙惟肖地模仿竹枝的体型、与周围环境相似的色泽；遇惊动便收拢胸足，坠落草丛中装死，然后伺机溜之大吉。

6. 四面山龙竹节虫

四面山龙竹节虫（*Parasheneboea simianshanensis*）分布于云南、四川，似植物的小枝叶，可迷惑敌人。

7. 海南角螳

捕猎的“苔藓”——海南角螳（*Haania vitalisi*）生活在潮湿的生境中，若虫利用身上的斑块和突起让自己融入树干上苔藓植物中，除保护自己外，麻痹其他昆虫而易于捕食。本图为若虫，待长出光亮的翅膀后，从苔藓的环境中飞到绿叶中捕食。

8. 拟皇冠花螳

拟皇冠花螳（*Hymenopus coronatoides*）分布于云南。它在鲜花丛中捕食，静候前来吸食花蜜的昆虫，其形态如鲜花一样的绚丽多彩，成为名副其实的美丽杀手。拟态鲜花，又可避免天敌的捕杀。

9. 眼斑螳

眼斑螳（*Creobroter* sp.）分布于海南、广东。此螳螂抬起双臂，做出一副虔诚祈祷的模样，其实它在祈祷肥美的猎物快快出现，然后双刀砍杀。在弱肉强食的昆虫世界里，螳螂是名副其实的顶级杀手。

10. 日本姬螳

日本姬螳（*Acromontis japonica*）分布于广东、海南、四川，日本。此螳螂十分凶狠，又能像小枯枝般隐蔽，捕食多种靠近的昆虫，你能分清其头与尾吗？

11. 广斧螳

广斧螳（*Hierodula patellifera*）步行时中、后足着地，前足举起，昂首慢行，与马相似，真是“天马行空，独来独往”，其自以为是的神态，导出了“螳臂挡车，不自量力”的成语。螳螂习性凶猛，视为昆虫世界里的猛虎，除侵袭吞食各种昆虫外，南美的一种螳螂还攻击小鸟、蜥蜴、蛙类小动物，但它本身也常是鸟类和其他动物的捕食对象。

卵常被卵寄生蜂寄生，这也揭示了自然界生物之间互相依存的食物链、食物网络的平衡关系。这种生与死都闪烁着无限生命的力量和光华，也诠释着关于自然界中各种生物生生死死、持续不断的奥秘及其演化的自然法则。

广斧螳在捕蚱蝉

广斧螳被黑盾胡蜂（*Vespa bicolor*）杀死

12. 枯叶蝶

枯叶蝶（*Kallima inachus*）分布于华南、中南、西南各地，是世界著名的拟态昆虫。飞舞时可见其为漂亮的蝴蝶，停下时似一片枯叶。

13. 青球萝纹蛾

青球萝纹蛾（*Brahmaea hearseyi*）分布于南方各地。此蛾少停息于树叶上，白天停息在与翅色相似的树干上，起到伪装天敌的作用，许多昆虫都有此遗传基因。

（三）昆虫世界的世界之最

1. 金斑喙凤蝶

金斑喙凤蝶（*Teinopalpus auerus*）分布于浙江、福建、江西、广东、广西、湖南、海南、云南，越南、老挝亦有分布。 金斑喙凤蝶为我国一级保护的野生动物，十分珍贵，栖息于海拔 1 000 米高山密林中，极少下地。金斑喙凤蝶被誉为“林中仙子”，全身闪烁着金绿色的光泽，十分漂亮潇洒。

2. 阳彩臂金龟

阳彩臂金龟（*Cheironus janggoni*）分布于广东、广西、海南、湖南等地。成虫有趋光性，喜取食树流胶；幼虫生活在腐殖质丰富的土壤与朽木中，可人工养殖。雄性的前足长约 7 厘米，是鞘翅目昆虫中前足最长的种类，远远超过它的体长，用作爬行、探路、取食和自卫，是甲虫中前足最长的种类。威风凛凛，被列为国家二级保护动物。

3. 绿带燕凤蝶

绿带燕凤蝶（*Lamproptera megas*）世界上翅展最窄的凤蝶。分布于海南、云南等地，栖息于低海拔的热带雨林中，热天喜在湿砂地上吸水，吸水后通过排水来降低体温。

4. 乌桕王蛾

乌桕（*Attacus atlas*）前翅顶角似蛇头，故又名蛇头蛾。分布于海南、云南等地。成虫翅展达 22 厘米，是世界上最大的蛾子。羽状触角可接收到 8~11 千米异性发出的信息素。

5. 双叉犀金龟

双叉犀金龟（*Allomyrina dichotoma*）具有威武的犄角，力大无穷，体重只约20克，却能举起1 700克的物体，相当于自身体重的85倍，不愧为昆虫世界的举重冠军了。

6. 芫菁

芫菁是昆虫世界中最毒的甲虫。眼斑芫菁（*Mylabris cichorii*）分布于河北、中南、华南、西南，印度、越南亦有分布。体黑褐色，背部有红色具曲纹的大斑，不小心碰到其尿液，皮肤立即出现水泡；腿部分泌的斑蝥素可用于制药，治疗癌症。芫菁成虫产卵于蝗虫卵堆中，卵孵化后幼虫吃蝗虫卵长大。所以芫菁是天敌昆虫。

7．蝉

蝉，俗称知了，是昆虫世界中叫声最响的昆虫。黑丽宝岛蝉（*Formotosena secbohmi*）是昆虫世界里高海拔原始林中最著名的“男高音歌唱家”，被誉为亮丽的深山幽灵，它们栖息在海拔 1 000 米左右的原始林中。在密林中荡漾的歌声也可用“震天动地”来形容，只是群落密度略低于黑知了。不同的蝉发出的声音是不同的。蝉的视觉发达，听觉迟钝，受惊时会射出一泡尿后飞走。蝉的上下颚形成刺状吸管，插进树干或树枝吮吸树汁，依据这现象，古代论及蝉时，称其“饮而不食”。我国产的成虫寿命较短，大多 1 周左右，少数 3~4

周。从古至今蝉既是美食也可入药，蝉壳内服治疗失音、降热、妇女病、淋病等；外涂治肿毒、耳病、脱肛等。被真菌寄生的蝉体称蝉花，属于冬虫夏草的一种，是名贵的中药。雌雄交配后雌蝉用凿孔器在树干上凿孔产卵，卵孵化后幼虫落到地面钻到地下深处生活，幼虫期 4~6 年。在印度，有一种蝉的幼虫在地下生活 9 年，而美国东部地区的一种蝉，地下生活期 13~17 年，被称作 17 年蝉，是目前已知幼虫期最长的昆虫。

雌雄知了 各有所长，雄知了 有群鸣的习性，发音器官特发达；雌知了听觉器特发达，雄知了就用歌唱来表达对雌知了的“爱意”并招之而来。所以，夏季生物界最得意者就属树上停着的很多知了，它们有雌有雄欢聚在一起，众多雄知了用“震耳欲聋”歌唱来表达对雌知了疯狂的爱恋和欢迎。有趣的是众多雄知了欢聚在一起组成的合唱队，还有领唱与和唱之分，先由一只雄知了领唱，其余齐声响应，歌声在千米之外都可听到；而雌知了成为聆听其美妙乐曲的听众。知了幼期在地下生活时间较长，是名副其实的地下长期的“苦行僧”。为了这从地下到地上生活的到来，也为今天的欢聚，这齐唱是神圣不可侵犯的，若遇被侵犯，则在逃跑时撒泼大量的尿液作为反抗。它们欢唱之时也不忘在一周内完成繁衍后代的使命，为了完成此使命需要有足够多的营养物质作基础。因此，在欢聚和唱歌的同时雌雄知了都开怀畅饮。那么它喝的是什么饮料啊？原来它们喜欢吸取树干里的汁液，这汁液对它们来说就是营养丰富的琼浆玉液；蝉的口器属刺吸式，这像针一样的嘴，会插进嫩的树枝，它们就在树枝上美美地喝上一顿汁液。体内贮存了丰富营养的雌雄知了，此时交配后产卵于树枝内，锯齿般的产卵器使枝条枯死落地，约 2 周卵孵化的幼虫钻入泥土，就开始了地下的黑暗而漫长的“苦行僧”生活。知了的生命一般在 1 周左右，真是地上的“短命虫”与地下长期的“苦行僧”！这就是自然界一切生物物种经历死亡和新生的过程与规则。

8. 红蜻

蜻蜓是昆虫世界中飞行最快的昆虫。红蜻（*Crocothemis servillia*）分布于海南、广东等地。

9. 中国虎甲

虎甲是昆虫世界中地面行走最快的昆虫。中国虎甲（*Cicindela chinensis*）分布于华南、西南、华中等地。

（四）最珍稀的昆虫

1. 阔紫花金龟

阔紫花金龟（*Torynorrhina* sp.）目前只见于海南，体型中等，全身闪烁着紫色光泽，是热带雨林中的瑰宝，绝大多数昆虫工作者难得一见，属十分珍稀奇特和濒危的种类。

2. 四斑幽花金龟

四斑幽花金龟（*Iumnos ruckeri*）属珍稀的昆虫之一。分布范围极其狭窄，只在海南岛南部与印度的热带雨林被发现，非常稀少，属可遇不可求的种类。它栖息于热带雨林，常在林冠活动，丰富的植物花粉为这充满活力与灵性的昆虫提供了一个生存居住的天堂。

3. 舟花金龟

舟花金龟（*Clarata* sp.）分布于海南，非常珍稀。

（五）色彩艳丽与趣味的昆虫

1. 松丽叩甲

松丽叩甲（*Campsostrnus auratus*）分布于华东、华南，东南亚亦有分布。全身金绿色。前胸背板后两侧有火红色的亮斑，光彩夺目。

2．海南绿吉丁

海南绿吉丁（*Iriodotaenia hainanensis*）是海南特有种，栖于热带半落叶季雨林、热带常绿季海雨林，全身金绿色，在阳光下映出的金色的光辉。

3．北部湾吉丁

北部湾吉丁（*Chrysochroa tonkinensis*）是海南特有种，栖于热带半落叶季雨林、热带常绿季海雨林，头部、腿部金绿色，鞘翅墨绿色，有黄白色腰带。

4．眉斑并脊天牛

眉斑并脊天牛（*Glenea cantor*）分布于海南、广东、广西、云南。胸背、翅末端、腹部均有黑斑。成虫羽化时只要头一拱洞门便开；在洞口下边做好一个大于虫体的蛹室，蛹室的外面为木屑，内层为壁毯，化蛹时幼虫还在头上方吐出硬而黏碎的石灰质并黏成易碎的保护盖，头部对准出口的门，不然，成虫羽化时因不能转身而死亡。

5. 桃红颈天牛

桃红颈天牛（*Aromia bungii*）广布于我国南北各地，在海南此虫喜高飞。体黑色，有光亮；前胸背板红色，背面有 4 个光滑疣突，具角状侧枝刺；鞘翅翅面光滑，基部比前胸宽，端部渐狭，成虫是多种林木果树的害虫。

6. 黑尾厚天牛

黑尾厚天牛（*Pachyteria diversipes*）分布于云南西双版纳，红黑二色，较为漂亮。

7．素吉尤犀金龟

素吉尤犀金龟（*Eupatoru sukkiti*）分布于云南，头、犀角黑色，鞘翅枯黄色。

8．树甲

树甲（*Stroongylium* sp.）属拟步甲科，分布于广东、湖南、海南。具金铜色光彩。

9. 绿绒斑金龟

绿绒斑金龟（*Trichius bowringi*）分布于浙江、福建、广东、海南、广西、云南、江苏、湖南。鳃角红色。

10. 五指山牙丽金龟

五指山牙丽金龟（*Kibakoganea fujiokai*）分布于海南，栖于高海拔林地，成虫有趋光习性。

11. 锚何波萤叶甲

锚何波萤叶甲（*Aplosonyx ancorus*）分布于广东、广西、海南、云南，越南亦有分布。此虫取食有毒的海芋，取食习性怪异，取食前将叶片吃成有规则的圆圈，然后取食圆圈内的叶片部分。其原因是什么？因为海芋有毒，咬成圆圈后等于切断了输毒通道。此习性是适应与进化的结果。

12. 甘薯梳龟甲

甘薯梳龟甲（*Aspidomorpha furcata*）分布于海南、云南、广东、广西、四川等地，南亚、东南亚也有分布。此虫有艳红色光亮，十分显眼。

13. 紫蓝丽盾蝽

紫蓝丽盾蝽（*Chrysocoris stolii*）分布于海南、广东、广西、福建、台湾、云南、西藏等；越南、印度、斯里兰卡。体色有艳丽的紫蓝、紫红或蓝绿色，有强烈的金属光泽，体色随光线反射不同而变化无穷。

14. 油茶宽盾蝽

油茶宽盾蝽（*Poecilocoris latus*）分布于海南、广东、广西、福建、台湾、云南等，越南、印度、斯里兰卡等亦有分布。

15. 红股小猎蝽

红股小猎蝽（*Vesbius sanguinosus*）分布于广东、广西、海南。捕食植物上昆虫，头尾黑色，十分夺人眼球。

16. 角盲蝽

角盲蝽（*Helopeltis* sp.）分布于广东、海南等地。此虫胸背竖立像昆虫针状的突起，十分抢眼，突起功能是什么？可以猜测一下。

17．华艳色蟌

华艳色蟌（*Neurobasis chinensis*）分布于广东、海南、江西、安徽、云南等地，喜停在溪边石头或植物上，雄虫会在这些地方与同类争夺地盘。图示雄虫守候地盘，翅膀金绿色，十分夺人眼球。

18．丽拟丝蟌

丽拟丝蟌（*Pseudolestes mirabilis*）分布于海南热带雨林，是海南特有种。该豆娘身体结构特殊，后翅仅为前翅的三分之二，金银黑三色汇集，翅色异常绚烂，飞翔时跳动，为昆虫世界中卓越的舞蹈表演“艺术家”。

19．武陵意草蛉

武陵意草蛉（*Italochrysa wulingshana*）分布于海南、广东、广西、湖南。蛉类都有共同的特点：身体小巧玲珑，与众不一样的翅膀，似乎是娇羞的隐士。但它们都是肉食性，捕杀其他昆虫时显得很残忍，属美丽杀手。因此，统称为天敌昆虫，是农民的朋友。

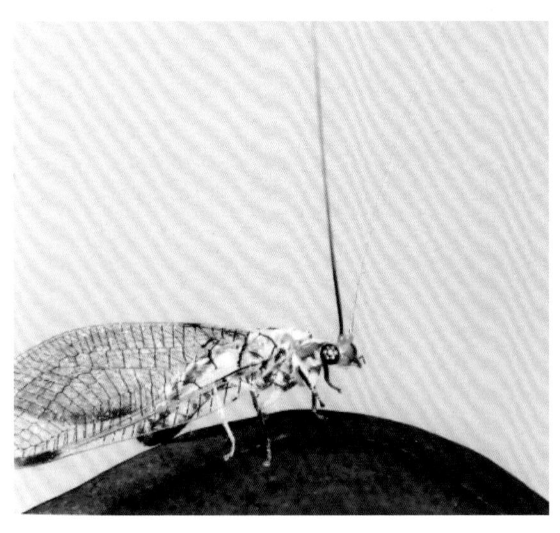

20．龙眼鸡

龙眼鸡（*Fulgora candelaria*）分布于海南、广东、广西。长鼻绿衣，既特殊又漂亮，危害龙眼、荔枝、黄皮、杧果等。

21．金黄梵蜡蝉

金黄梵蜡蝉（*Aphaena aurantia*）分布于云南，是云南新记录种。

22．多恩乌蜢

多恩乌蜢（*Erianthus dohrni*）分布于云南、广东、广西、四川。它爬行速度不快，却是“跳高健将”，遇惊时蹦起并展翅飞远。

23．绿背覆翅螽

绿背覆翅螽（*Tegra novaehollandiae*）分布于云南、广东、广西、四川、湖南等地，越南、缅甸、泰国、印度亦有分布。

24．绿草蝉

绿草蝉（*Mogannia hebes*）分布于我国南方各地。

25. 巨拟叶螽

巨拟叶螽（*Pseudophyllus titan*）分布于云南西双版纳，是我国现存最大的螽斯，可达120毫米，取食植物。

26. 突眼蝇

突眼蝇（*Teleopsis* sp.）分布于云南，其眼柄特别长，十分奇特，可扩大视野，一般栖息于潮湿的环境中。

（六）会飞的花朵——蝴蝶

1. 红艳斑粉蝶

红艳斑粉蝶（*Delias acalis*）分布于海南、云南、广东等地，南亚、东南亚亦有分布。此粉蝶十分艳丽，喜飞往较高山顶。

2. 迁粉蝶

迁粉蝶（*Catopsilla pomona*）分布于海南、云南、广东、广西、福建、台湾、四川等地。迁粉蝶有 2 种形态，分别为有纹型和无纹型。

3. 斜带环蝶

斜带环蝶（*Thauria lathyi*）分布于云南。

4. 箭环蝶

箭环蝶（*Stichophthalma howqua*）分布于海南、云南、广东、广西、四川等地。发生于丘陵地带，在树荫、竹丛中穿梭飞行，常于黎明或傍晚于幽深竹林小道上飘闪它亮黄的身影。大发生时常常几十或上百只聚集于人畜粪便、腐叶烂果上。并能将整条沟谷的竹叶吃光。

5. 李斑黛眼蝶

李斑黛眼蝶（*Lethe gemina*）分布于海南、广东、广西、四川等地。栖息于热带山地雨林中。

6. 窄斑凤尾蛱蝶

窄斑凤尾蛱蝶（*Polyura athamas*）分布于海南、云南、广东、广西等地。

7. 丽蛱蝶

丽蛱蝶（*Parthenos sylvia*）分布于云南。

8. 黄绢坎蛱蝶

黄绢坎蛱蝶（*Chersonesia risa*）分布于云南、海南、广西，印度、缅甸、越南、泰国、马来西亚等有分布。

9. 朴喙蝶

朴喙蝶（*Libythea celtis*）分布于海南、云南、广东、广西、四川等地。此蝶下唇须特长，突出在头前方成喙状。

10. 波蚬蝶

波蚬蝶（*Zemeros flegyas*）分布于海南、云南、广东、广西等地。

11．豆粒银线灰蝶

豆粒银线灰蝶（*Spindasis syama*）分布于海南、广东、广西、台湾等地。

12．绿灰蝶

绿灰蝶（*Artipe eryx*）分布于海南、云南、广东、广西等地。此蝶青绿色令人喜欢，尤其在吸食花蜜传播花粉时。

13．珍灰蝶

珍灰蝶（*Zeltus amasa*）分布于海南、云南、广东、广西等地，印度、缅甸、泰国等也有分布。

14．绿弄蝶

绿弄蝶（*Choaspes benjaminii*）分布于海南、云南、广东。此蝶吸食花蜜传播花粉外，常取食粪便类脏物，属嗜臭蝴蝶。

15．椰弄蝶

椰弄蝶（*Gangara thyrsis*）分布于海南、广东等地。

16．毛脉弄蝶

毛脉弄蝶（*Mooreana trichoneura*）分布于云南、海南。

17. 新红标弄蝶

新红标弄蝶（*Koruthaialos sindu*）分布于云南；缅甸、越南、菲律宾、泰国、马来西亚等也有分布。

18. 蝴蝶的群集

（1）青斑蝶

青斑蝶（*Tirumala limniace*）群集迁飞。

（2）虎斑蝶

虎斑蝶（*Danaus genutia*）群集迁飞。

（3）白尖翅粉蝶

白尖翅粉蝶（*Appias albina*）群集吸水补充矿物质与排水降温。

（4）珐蛱蝶

珐蛱蝶（*Phalanta phalantha*）群集吸水补充矿物质。

蝶类群集吸食花蜜。

（七）黑夜天使——蛾类

1. 豹尺蛾

豹尺蛾（*Dysphania miliaris*）分布于海南、云南、广东。此蛾特别之处是白天活动，还吸食花蜜。

2. 凡艳叶夜蛾

凡艳叶夜蛾（*Eudocima fullonia*）分布于台湾、广东、广西、海南、云南。

幼虫

3. 庆斑蛾

庆斑蛾（*Erasmia pulchella*）分布于海南、云南、广东、广西、台湾等地，为斑蛾科中最为漂亮的种类之一，白天活动。

4. 翠蛱蝶

翠蛱蝶（*Euthalia* sp.）幼虫具毛，虫毛无毒。

5. 嗄彩尺蛾

嗄彩尺蛾（*Eucyclodes gavissima*）分布于海南、广东等地。此尺蛾有趋光习性，翅上有多种色彩。

6. 红点枯叶蛾

红点枯叶蛾（*Alompra roepkei*）分布于海南，南亚、东南亚也有分布。红色在绿色的树林中尤为显眼，可谓“万绿丛中一点红”。

7. 中国大燕蛾

中国大燕蛾（*Lyssa zampa*）刚羽化，分布于我国南方各地，南亚与东南亚各地也有分布。

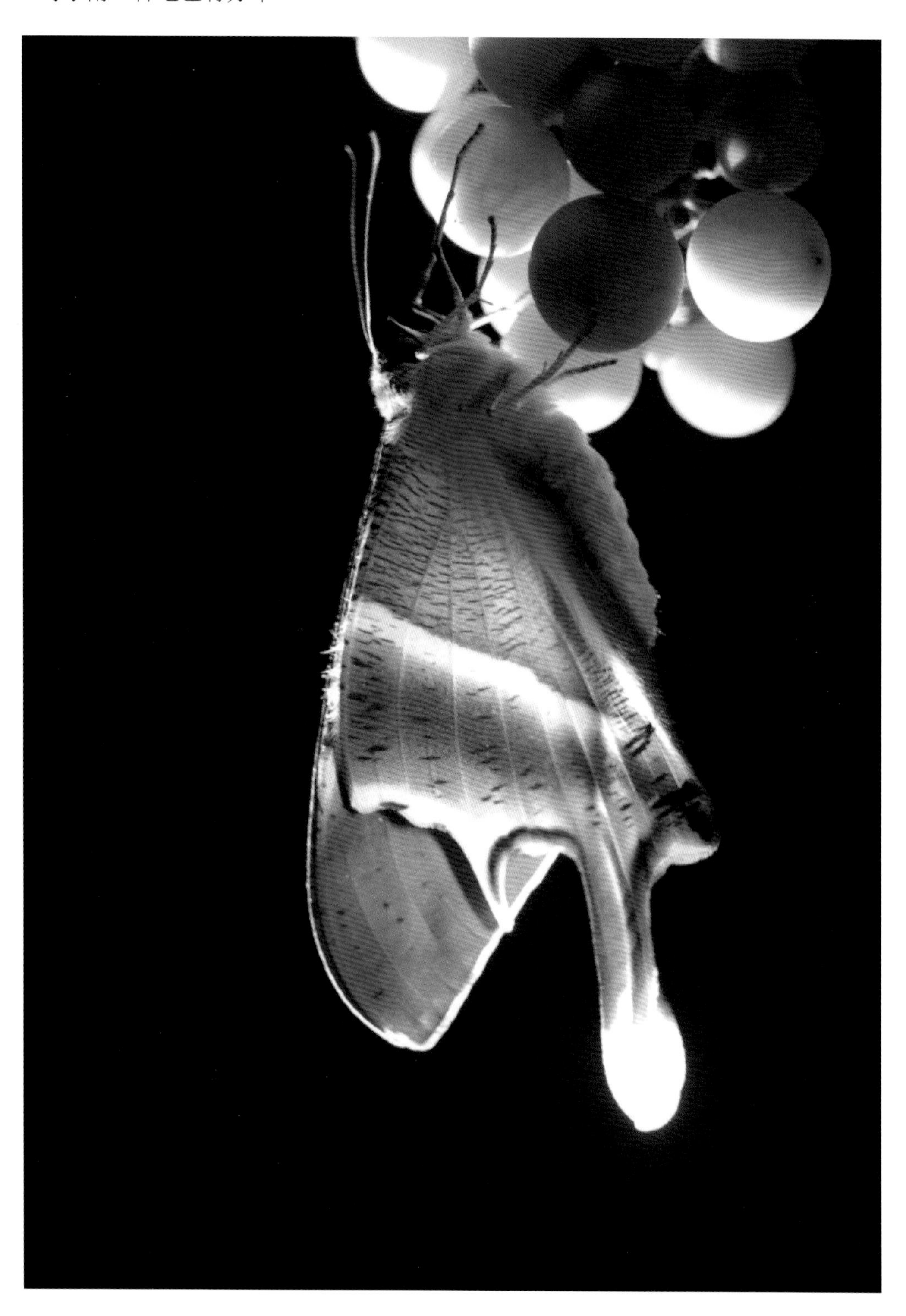

8．钩翅王蛾

钩翅王蛾（*Antheraea assamensis*）分布于海南、云南、广东。

9. 红尾王娥

红尾王娥（*Actias rhodopneuma*），别名贵妃美蛾，分布于云南南部。

10. 绿尾王蛾

绿尾王蛾（*Actias selene*）分布于我国南部，南亚、东南亚也有分布。

11. 大尾王蛾

大尾王蛾（*Actias maenas*），别名彩云追月蛾，分布于云南。

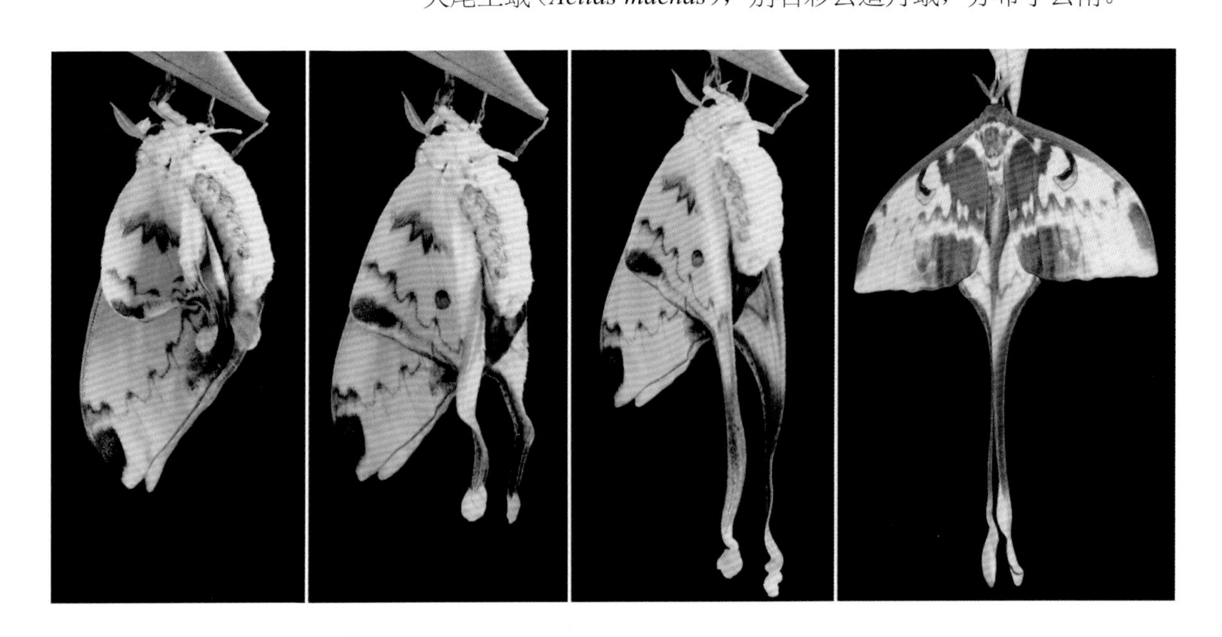

12. 中华王蛾

中华王蛾（*Actias sinensis*）分布于我国南部与西南部。

13．黄尾大蚕蛾

黄尾大蚕蛾（*Actias heterogyna*）分布于海南、云南、广东等地。

14．金钱豹美蛾

金钱豹美蛾（*Loepa anthera*）分布于广东、广西、云南。

15．黄豹大蚕蛾

黄豹大蚕蛾（*Loepa kotinka* ）分布于广东、广西、海南、云南、西藏等地，印度也有分布。

16．角斑樗蚕

角斑樗蚕（*Archaeosamia watsoni*）分布于广东、广西、海南、台湾等地。

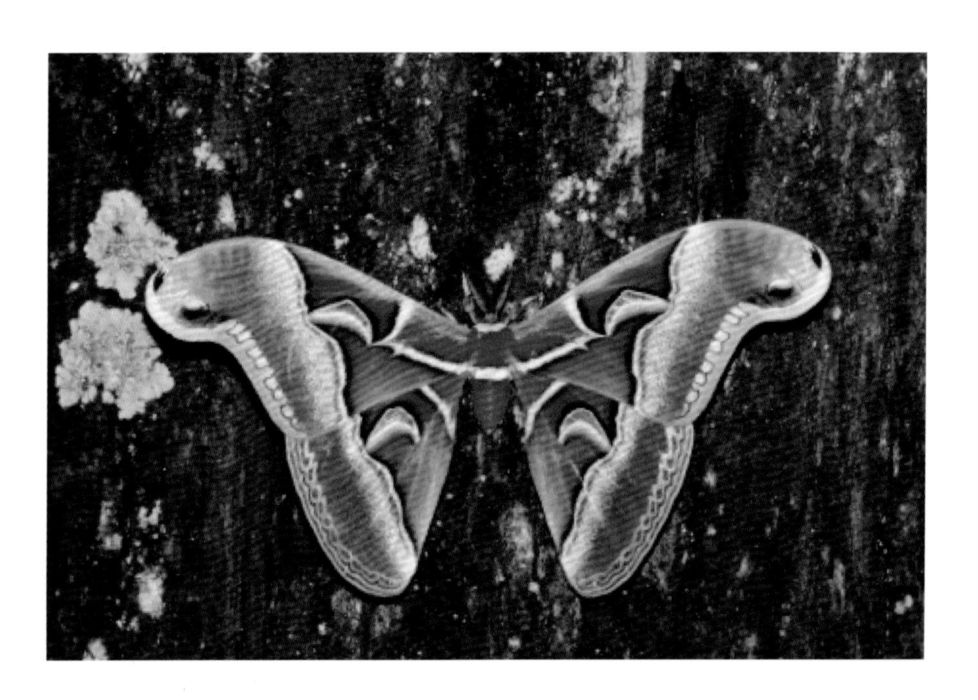

17．蛙头蛾

蛙头蛾（*Attacus edwardsii*），别名冬青王蛾，分布于我国南部。

18．龙袍豹蚕蛾

龙袍豹蚕蛾（*Loepa sikkima*）分布于云南南部。

19．黄猫眼美蛾

黄猫眼美蛾（*Salassa thespis*）分布于云南。

20. 榆绿天蛾

榆绿天蛾（*Callambulyx tatarinovii*）分布于我国大部分地区。

反面

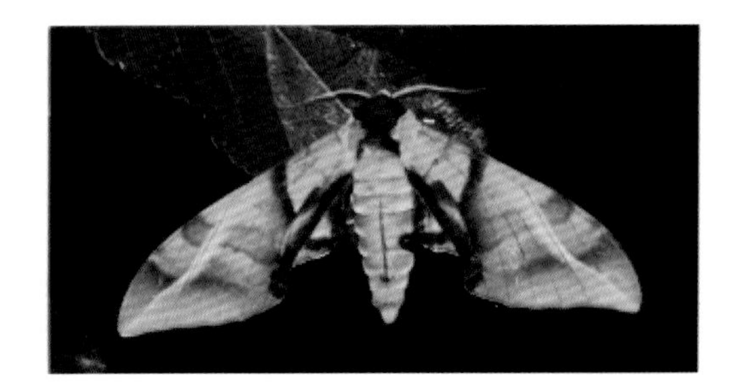

21. 光电红腹天蛾

光电红腹天蛾（*Hayesiana triopus*）分布于广东、广西、香港、云南。

八　鲜为人知的其他生物

1. 新内溪蟹

新内溪蟹（*Neotiwaripotamon* sp.），为溪蟹科新内溪蟹属的一种动物，分布于海南低海拔林地。

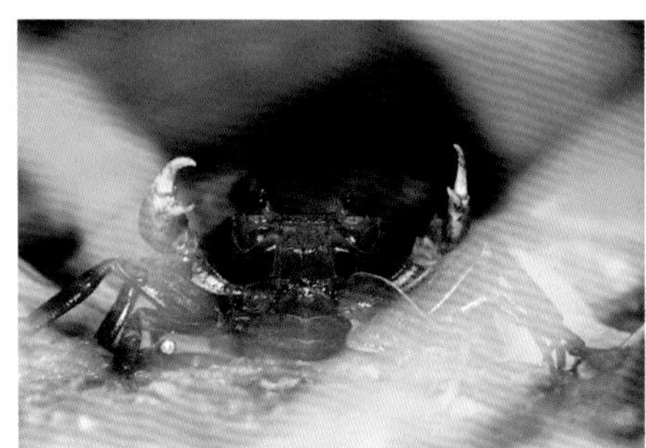

2．全红内溪蟹

全红内溪蟹（*Neotiwaripotamon* sp.），为溪蟹科新内溪蟹属的一种动物，喜欢在林子里活动，是攀岩和爬树的高手，雨后喜欢下地活动。

3．海南山蛭

海南山蛭（*Haemadipsa hainana*）俗称旱蚂蟥，身体分成 27 节，头尾各有一个吸盘。前吸盘的中央是口，口内有 3 个成“Y”形的肉颚，每个肉颚的纵脊上有一列小齿。当人或动物在山林中行走时，山蛭就会不知不觉地爬到腿上，趁机拦路打劫。它用两个吸盘牢牢地吸着皮肤，再用口中的颚在皮肤上切开“Y”形的伤口，吸食血液。由于山蛭口里能分泌抗凝血的物质，破坏了血液中血小板的凝血功能，因此被山蛭咬过的伤口常血流不止。山蛭在热带山地雨林或沟谷雨林中密度高，是可怕的“吸血鬼”，进入这些雨林中要穿上防山蛭袜，随身带上晶体高锰酸钾，一旦被咬，在伤口上抹上高锰酸钾，可灼烧毛细血管止血和消毒。在医院，医生也常利用这一特性，用山蛭或其他蚂蟥来治疗病人的局部充血。

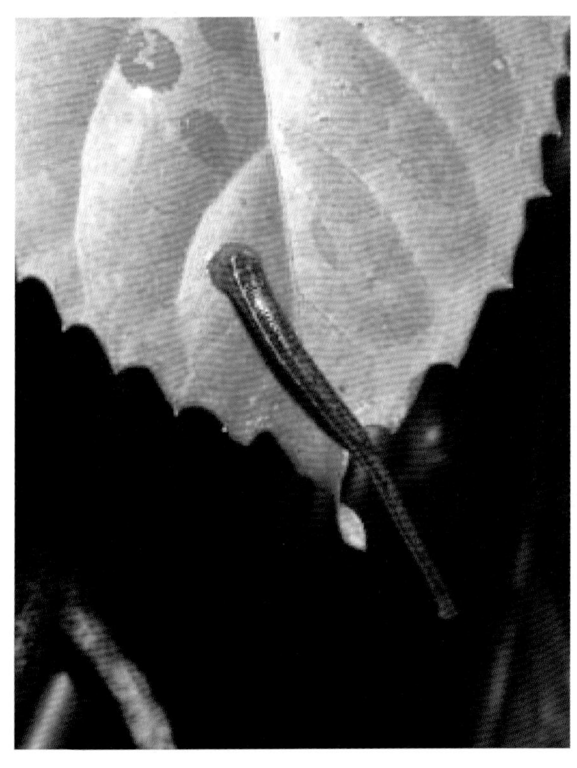

4．蜈蚣

蜈蚣（*Scolopendra subspinipes*）为多足纲陆生节肢动物。第一对脚呈钩状，锐利，钩端有毒腺口，一般称为颚牙、牙爪或毒肢等，能排出毒汁。被蜈蚣咬伤后，其毒腺分泌出大量毒液，顺颚牙的毒腺口注入被咬者皮下而致中毒。

被蜈蚣咬伤后先简单治疗，如用氨水或花露水涂抹伤处，也可用鸡蛋清或雄鸡唾液搽抹伤处，还可用碱水或葱头切片涂在伤处，严重者送医院。

蜈蚣可用于治病，如败毒抗癌、熄风解痉、消炎治疮等。

5．马陆

马陆（*Spirobolus bungii*）为多足纲陆生节肢动物，也叫千足虫、千脚虫、秤杆虫，是森林生态系统重要的分解者。但与蜈蚣不同，它不咬人，触动后会把身体卷起来，体壁会分泌毒素。马陆常常会出现在庭院花草中，偶尔进入室内。有人以为是蜈蚣，唯恐避之不及，其实绝大多数马陆是非常友善的，它们只是栖息在潮湿隐蔽的花盆下、枯叶中、杂石间吃吃嫩叶幼芽而已。

6. 海南捕鸟蛛

海南捕鸟蛛（*Selenocosmia hainana*），分布于海南、广西。性凶猛，毒性强，应小心被蜇伤，一旦被蜇伤应按被毒蛇咬伤的方法处理。用其毒液制成的“蜘蛛精”，用于治疗颈腰酸痛、跌打损伤、筋骨和关节疼痛等。

参考文献

顾茂彬，陈佩珍，1978．海南岛蝴蝶 [M]．北京：中国林业出版社．

顾茂彬，陈仁利，2011．昆虫文化与鉴赏 [M]．广州：广东科技出版社．

姜恩宇，2011．海南岛热带雨林 [M]．北京：中华书局．

蒋有绪，卢俊培，1991．中国海南岛尖峰岭热带森林生态系统 [M]．北京：科学出版社．

李意德，陈步峰，周光益，等，2002．中国海南岛尖峰岭热带森林及其生物多样性保护研究 [M]．北京：中国林业出版社．

李意德，许涵，骆土寿，等，2015．海南尖峰岭热带山地雨林——群落特征树种及其分布格局 [M]．北京：中国林业出版社．

李意德，杨众养，陈德祥，等，2016．海南生态公益林生态服务功能价值评估研究 [M]．北京：中国林业出版社．

李意德，杨众养，陈德祥，等，2016．海南生态公益生态服务功能价值评估研究 [M]．北京：中国林业出版社．

唐志远，2012．酷虫视界 [M]．北京：电子工业出版社．

吴云，2017．中华美蛾 [M]．郑州：河南科学技术出版社．

曾庆波，李意德，陈步峰，等，1997．热带森林生态系统研究与管理 [M]．北京：中国林业出版社．

张巍巍，李元胜，2011．中国昆虫生态大图鉴 [M]．重庆：重庆大学出版社．